Emmanuel Ating

Aspectos da limnologia do rio Mbo no estado de Akwa Ibom, Nigéria

Emmanuel Ating

Aspectos da limnologia do rio Mbo no estado de Akwa Ibom, Nigéria

ScienciaScripts

Imprint

Cover image: www.ingimage.com

This book is a translation from the original published under ISBN 978-620-5-51547-1.

Publisher:
Sciencia Scripts
is a trademark of
Dodo Books Indian Ocean Ltd. and OmniScriptum S.R.L publishing group

120 High Road, East Finchley, London, N2 9ED, United Kingdom
Str. Armeneasca 28/1, office 1, Chisinau MD-2012, Republic of Moldova, Europe
Managing Directors: Ieva Konstantinova, Victoria Ursu
info@omniscriptum.com

Printed at: see last page
ISBN: 978-620-8-56255-7

DEDICAÇÃO

Em memória amorosa da minha querida mãe, a falecida **Sra. Akon Edet Okon (Ma Teacher)**.

A Deus seja dada a glória!

AGRADECIMENTOS

Desejo expressar a minha sincera gratidão a Deus Todo-Poderoso pela sua sabedoria e graça que tornaram este trabalho de investigação um grande sucesso.

Francis Sikoki, o meu supervisor, que dedicou o seu tempo a ler o manuscrito e fez as correcções necessárias, bem como a sua orientação na realização desta investigação.

Estou de facto grato ao Sr. Patrick Ekpo; ao Departamento de Pescas e Aquacultura; e ao Departamento de Zoologia da Universidade de Uyo, por disponibilizarem as instalações laboratoriais utilizadas para este estudo. Também ao Sr. Gentle Komi, que me ajudou na análise dos dados.

Dignos de menção são o meu pai, Chefe Asuquo E. Okon; o meu irmão, Engr. Nse Essang; as minhas irmãs: Barr. (Sra.) Iquo Abia e Sra. Precious Selong; e os meus sogros: Chefe (Barr.) Effiong Abia, Sr. Selong Edem e Sra. Mary Essang, pelos seus numerosos apoios.

ÍNDICE DE CONTEÚDOS

RESUMO

As variações mensais dos parâmetros físico-químicos do rio Mbo foram realizadas em três estações, de maio a dezembro de 2009. Os valores variaram entre 30.00 e 34.33°C (temperatura), 6.70 - 7.32(pH), 0.5-1.4ppt(salinidade), e 6.13 - 8.73mg/l para o oxigénio dissolvido. A variação mensal dos valores do oxigénio dissolvido e da temperatura foi significativa (P<0,05). As amostras de plâncton e de águas superficiais foram recolhidas em três estações e analisadas segundo o método padrão. Os fitoplânctons registados pertenciam a cinco taxa, nomeadamente Bacillariophyceae (24 espécies), Chlorophyceae (14 espécies), Cyanobacteria (6 espécies), Dinophyceae (3 espécies) e Xanthophyceae (1 espécie). Bacillariophyceae foi o grupo mais diversificado, enquanto Xanthophyceae foi o menos diversificado no número de espécies de fitoplânctons. Os zooplânctons pertenciam a três taxa de Crustaceae (4 espécies), Rotifera (5 espécies) e Protozoa (1 espécie). Rotifera foi o maior, enquanto Protozoa foi o menor. A análise de variância mensal não revelou diferenças significativas entre os plânctons. A presença de algumas espécies de plânctons em águas poluídas, como Anabaena spiroides, Ceratium furcas, Anacystis species e Oscillatoria limosa, é indicativa de degradação e poluição ambiental.

CAPÍTULO UM

INTRODUÇÃO

A água é constituída por factores físicos e químicos, que influenciam direta e indiretamente a sua qualidade e, consequentemente, a sua aptidão para a habitação dos peixes (Abezi, 2006). O crescimento dos peixes não pode ser separado dos efeitos das caraterísticas físico-químicas do seu habitat aquático. Estas caraterísticas físico-químicas afectam a distribuição e o crescimento da ictiofauna (Francis *et al*, 2007). Algumas destas caraterísticas incluem a temperatura, a salinidade, o pH e o oxigénio dissolvido. Até certo ponto, existem inter-relações entre estes parâmetros. A temperatura não afecta apenas a abundância, a disponibilidade e a distribuição dos peixes, mas também influencia as suas actividades como a respiração, o crescimento e a reprodução (Francis *et al*, 2007).

O oxigénio dissolvido no sistema aquático, por outro lado, é fundamental para as actividades metabólicas básicas dos peixes, o que é vital para a sua sobrevivência. Diminui com temperaturas mais elevadas e vice-versa (Onuoha e Nwadukwe, 1989). Foi estabelecido que, a 0^0C, o oxigénio dissolvido é de 14,62mgL^{-1}; 11,33mgL^{-1} a 10ºC, 9,17mgL^{-1} a 20ºC e 7,3mgL^{-1} a 30ºC (Ricker, 1934.) Os peixes crescem melhor em águas entre pH 6,5 e pH 9, mas as águas ligeiramente alcalinas são as melhores para eles (kutty, 1987). No entanto, as águas muito ácidas são-lhes letais e atrasam o seu crescimento e reprodução. (Ezekiel, 2002).

De acordo com Ibe (1985), a salinidade não é tão reguladora como a temperatura, mas afecta a osmorregulação e o desenvolvimento dos ovos de peixe, tornando assim a quantidade de futuras unidades populacionais, pelo menos em parte, dependente da salinidade. Os parâmetros físico-químicos afectam a distribuição do plâncton, a ocorrência sequencial e a diversidade das espécies (Raymond, 1983).

A produtividade de qualquer massa de água é determinada pela quantidade de plâncton que contém, uma vez que estes são os principais produtores primários e secundários. As comunidades de plâncton servem de base à cadeia alimentar que suporta os níveis sucessivos. As comunidades de fitoplâncton são os principais produtores de carbono orgânico nos grandes rios, uma fonte de alimento para os consumidores planctónicos e podem representar a fonte primária de oxigénio em muitos rios de baixo gradiente (Davies *et al*, 2009).

O fitoplâncton de um ecossistema aquático é fundamental para o seu funcionamento normal. Embora constituam o ponto de partida de todas as transferências, são altamente sensíveis às alterações alóctones impostas pelo ambiente (Khattak *et al* 2005). Assim, a composição das espécies, a biomassa, a abundância relativa, a distribuição espacial e temporal deste biota aquático são uma expressão da saúde ambiental ou da integridade biológica de uma determinada massa de água

O fitoplâncton é constituído por pequenas algas que flutuam livremente e que contribuem para o total de células vegetais e animais em suspensão, tanto na água doce como na água salgada, constituindo a base da cadeia alimentar nestes ambientes.

Os zooplânctons são animais planctónicos heterotróficos que flutuam na água e que constituem uma importante fonte de alimento para muitas espécies de organismos aquáticos (Guy, 1992). Servem também como indicadores da qualidade da água e como alimento para peixes e outros organismos aquáticos.

Os zooplânctons ocupam um nicho trófico importante no ecossistema aquático, uma vez que constituem o elo mais importante na transferência de energia entre o fitoplâncton e a fauna aquática superior. Embora exerçam uma enorme pressão de pastoreio sobre o fitoplâncton, constituem uma fonte inestimável de proteínas, aminoácidos, lípidos, ácidos gordos, minerais e enzimas, sendo, por isso, um ingrediente barato para substituir a farinha de peixe em culturas de peixes (Ekwu e Sikoki, 2005).

Os organismos zooplanctónicos são identificados como componentes importantes dos ecossistemas aquáticos. Ajudam a regular a produtividade algal e microbiana através do pastoreio e da transferência da produtividade primária para os peixes e outros consumidores (Dejen *et al.* 2004). Ao alimentarem-se de fitoplâncton e bactérias, ajudam a melhorar a qualidade da água. Por conseguinte, o zooplâncton é considerado um indicador da qualidade da água (Pinto-Coelho *et al.* 2005). No entanto, as respostas do zooplâncton à variação da qualidade da água dependem do ecossistema e da espécie e variam dentro e entre lagos (Okogwu, 2010)

Não existe informação publicada sobre os tipos e abundância de plâncton, bem como as caraterísticas físico-químicas do rio Mbo. Este informou a necessidade de realizar este estudo, a fim de disponibilizar dados sobre as caraterísticas biológicas e físico-químicas do rio Mbo.

OBJECTIVOS DO ESTUDO

(i) Efetuar uma avaliação físico-química da qualidade da água do rio Mbo.

(ii) Avaliar a composição e a diversidade das espécies da população de plâncton

no rio Mbo

(iii) Avaliar a abundância sazonal e a distribuição espacial dos plânctons no rio Mbo.

CAPÍTULO DOIS

REVISÃO DA LITERATURA

Francis *et al* (2007) estudaram as variações mensais dos parâmetros físico-químicos das águas salobras do sistema do rio Andoni de janeiro de 1999 a dezembro de 2000, onde a temperatura era de 26,05 a 32,10^{0}C; pH (6,38 - 8,90); salinidade (12-22ppt) e oxigénio dissolvido (5,00-12,3mg L^{-1}). Observaram que as flutuações pareciam estar de acordo com a natureza dinâmica dos sistemas de água salobra.

Owhonda *et al* (2007) realizaram uma monitorização bimestral de algumas variáveis físico-químicas do Instituto Nigeriano de Oceanografia e Investigação Marinha (NIOMR), viveiro de peixes de água salobra, Buguma, Estado de Rivers, Nigéria, de abril a outubro de 2005, cobrindo o período da estação das chuvas na região. Os resultados obtidos indicaram que a gama de pH para os tanques era de 6,06-6,78; salinidade 9,01-15,25ppt e temperatura 27,40-32,00^{0}C. No canal principal, a variação do pH foi de 5,50-6,80; salinidade 10-17ppt e temperatura 28-31,4^{0}C. Foi observada uma diferença significativa ($P<0,05$) na salinidade entre o canal principal e as lagoas para o mês de abril, enquanto que os outros parâmetros nos outros meses (sob investigação) não foram significativamente diferentes.

No trabalho de Adesalu e Nwankwo (2008), o fitoplâncton de um riacho de maré em Lagos foi investigado durante seis meses (setembro de 1998 - fevereiro de 1999). O ambiente físico-químico era essencialmente neutro (pH 7,00-7,30), relativamente mais transparente (> 0,23m), expressava valores de cloreto mais elevados (>0,12mgL^{-1}) nos meses secos do que nos meses húmidos. Nos meses húmidos, de setembro a novembro de 1998, foi registado oxigénio dissolvido (< 0,21mg$L^{-1)}$.

O fitoplâncton era dominado por diatomáceas (48 formas peninadas e 23 formas cêntricas). Os outros grupos de algas incluíam seis algas azuis-verdes e seis algas verdes. Foi registada uma maior biomassa de fitoplâncton nos meses secos do que nos meses húmidos.

Além disso, Davies e Otene (2009) efectuaram um estudo para avaliar a composição, diversidade, abundância, distribuição das espécies e alguns parâmetros físico-químicos da água de superfície no ribeiro de Minichinda, Port Harcourt, Estado de Rivers. As amostras de água de superfície e de zooplâncton foram recolhidas entre julho de 2006 e junho de 2007 e analisadas utilizando métodos normalizados. Foi identificado um total de 3350 zooplâncton de quatro famílias, 48 géneros e 51 espécies, dominadas por protozoários. Os valores de temperatura (30.02± 0.01ºC) PH (6.13± 0.07) oxigénio dissolvido (7.13± 0.15mg/1) e fosfato (0.10± 0.02mg/l) foram semelhantes em todas as estações de estudo P > 0.05)

Ekwu e Sikoki (2006) estudaram a composição das espécies, a abundância relativa, a distribuição espacial e a diversidade das assembleias de fitoplâncton no estuário do rio Cross durante vinte e quatro meses, em seis (6) estações de amostragem. Foi observado um total de 105 espécies de 57 géneros, pertencentes a 5 famílias. As Bacillariophyceae (diatomáceas) foram a família de fitoplâncton mais abundante, constituindo 71,58% da densidade total de algas, seguidas das Chlorophyceae (algas verdes) com 13,84%, das Cyanobacteria (algas azuis-verdes) com 12,69%, enquanto as Euglenophyceae (flagelados verdes) e as Dinophyceae (dinoflagelados) registaram 0,88% e 1,01%, respetivamente, da abundância total de fitoplâncton.

As bacillariophyceae mostraram uma importância progressiva das estações 1 a 6, enquanto as chlorophceae e Euglenophyceae foram mais abundantes nas estações 1, 2 e 3. As cianobactérias, no entanto, não mostraram nenhuma tendência espacial, enquanto as dinophyceae foram observadas apenas nas estações 4, 5 e 6. Bacillarlophyceae foi a família mais dominante, enquanto chlorophyceae e cyanobacteria foram os grupos subdominantes. A similaridade da ocorrência de espécies foi geralmente observada nas estações 1 e 2, estações 3 e 4 e estações 5 e 6. A análise de variância (ANOVA) mostrou uma variação significativa (P<0,05) na estrutura da comunidade entre as estações 1, 5 e 6, enquanto as estações 1, 2 e não mostraram diferenças significativas (P>0,05) na composição das assembleias de fitoplâncton. A elevada abundância de certos taxa de cianobactérias indicou degradação ambiental.

Olomukoro, J. O. & Oronsaye, C. (2009) estudaram a ocorrência de espécies de fito- e zooplâncton no ambiente marinho do Golfo da Guiné: Quatro dos seis taxa totais de fitoplâncton registados eram representantes estritamente marinhos, que incluíam *Pleurosigma australe, P. balticum, Odontella sineusis* e *O. regia*. 54,04% do zooplâncton é constituído por sete tipos diferentes de formas larvares, que se encontram em todas as estações. A abundância deste grupo sugere que o ambiente é um bom berçário natural para a maior parte da fauna.

Nyananyo, B. L; Okeke, C. U; e Mensah, S. I. (2006) avaliaram a fisiologia, as condições físico-químicas e a distribuição do fitoplâncton no rio Brass, na Nigéria. Os dados sobre as condições físico-químicas revelaram condições de superfície da água quase constantes em todas as estações amostradas. A abundância relativa da população fitoplanctónica do sistema do rio Brass revelou a presença das seguintes famílias de fitoplâncton marinho: Bacillariophyceae (*Bidulphia auria, M. mobiliencesis, B. sinsensis, Skeletonema costatum*), Chlorophyceae (*Halosphaera ividis*) e Dinophyceae (*Ceeratium sectum*).

A composição das espécies, a distribuição espacial, a abundância e a diversidade do zooplâncton no estuário do rio Cross foram investigadas por Ekwu, A. O. e Sikoki, F. D. (2005), durante um período de 24 meses. Foi identificado um total de 61 taxa pertencentes a onze filos. Copepoda foi o mais abundante, com 17 taxa, seguido de Cladocera com 11 taxa. A contribuição global dos crustáceos para a população total de zooplâncton foi de 74,16%, enquanto os cetognatos e os cnidários contribuíram com 6,3% e 6,1%, respetivamente. As densidades variaram entre 40 organismos/l e 1.660 organismos/l. A presença de copépodes foi elevada em todas as zonas de amostragem, mas mais nas zonas inferiores do estuário.

Os Cladóceros, Ciliados e Rotíferos foram mais importantes nas zonas superiores do estuário, enquanto que os Cnidários e Cetognatos estavam ausentes a montante mas eram altamente abundantes nas zonas a jusante. A composição do zooplâncton mostrou uma variação espacial significativa ($P<0,05$) na ocorrência e densidade dos taxa nas zonas de amostragem. Os copépodes apresentaram o valor de dominância mais elevado de 0,73, seguido dos cladóceros com 0,51. O coeficiente de similaridade de Jaccard das espécies revelou dissimilaridade entre as estações do curso superior e as do curso inferior.

Observaram também que a riqueza de taxa era mais elevada na estação 6 do curso inferior, com um valor de 6,79. Foi observada uma tendência geral de aumento da diversidade e riqueza de espécies de montante para jusante. A relação inter e intra-específica revelou uma correlação positiva altamente significativa ($P<0{,}01$) entre Cnidários e Copépodes ($r = 0{,}896$), Cladóceros ($r = 0{,}841$) e entre Cetognatos e Copépodes ($r = 0{,}725$, $P<0{,}05$) e Cladóceros ($r = 0{,}451$, $P<0{,}05$). A escassez de zooplâncton em termos de ocorrência e abundância em certos locais de amostragem de maior proximidade a fontes de efluentes domésticos e industriais foi indicativa de perturbação antropogénica.

CAPÍTULO TRÊS

MATERIAIS E MÉTODOS

3.1 Área de estudo

O rio Mbo é um afluente do rio Cross. Situa-se entre a longitude 8°00' - 8°30'E e a latitude 4°30'-4°45'N, e insere-se na faixa de floresta tropical com regime climático equatorial (figura 1). Regista uma variação de temperatura máxima de 27,5-33°C e mínima de 22,5-24°C (Moses, 1987).

É um rio costeiro que desagua no estuário do rio Cross em Ibaka, na baía de Bonny. É um elemento hidrográfico que drena duas áreas governamentais locais do Estado de Akwa Ibom. O rio Mbo desempenha um papel importante nos recursos haliêuticos do Estado, no transporte e na carga de nutrientes do estuário. O rio Mbo está localizado na bacia de drenagem do rio Cross, no Delta do Níger. Tem um clima tropical húmido caracterizado por estações secas e húmidas distintas. O estuário do rio Cross é conhecido pela sua colmeia de actividades na área da prospeção, exploração e produção de petróleo.

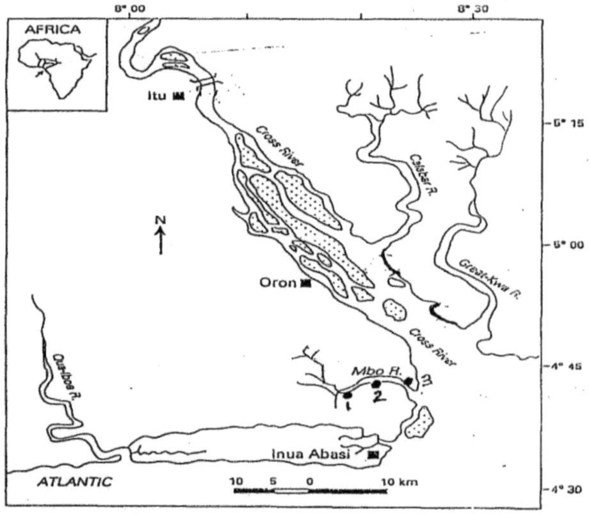

Figura 1: Mapa do rio Mbo mostrando a estação de amostragem

3.2 **Estações de amostragem:** Foram estabelecidas três estações de amostragem. As estações situavam-se a cerca de 1000m de distância ao longo do curso principal do rio, a montante, a meio do curso e a jusante.

3.3 **Recolha de amostras**: As amostras de água foram recolhidas a 0,5 m abaixo da superfície em três estações diferentes ao longo do rio Mbo durante um período de oito meses (maio de 2009 a dezembro de 2009). As amostras de plâncton foram recolhidas através do arrasto de uma rede de arrasto de plâncton ligada a um barco em movimento lento. O plâncton filtrado dessa captura foi lavado em garrafas de polietileno de 1,5 litros e foi imediatamente fixado com 5 gotas de formalina tamponada com hemaxina a 4% para preservar os organismos (Parsons et al., 1984). Todas as amostras foram colhidas na maré vazante para reduzir as variações de maré e diurnas.

3.4 Medição dos parâmetros físico-químicos

As medições de temperatura foram efectuadas no local, mergulhando um termómetro de mão na água durante 2 minutos, antes de obter o valor. As medições da salinidade foram efectuadas no local, utilizando um refratómetro manual.

Utilizando o medidor multiparamétrico específico de iões C200 (instrumento Hanna), as medições de pH foram efectuadas colocando a cuvete no suporte e assegurando que o entalhe na tampa estava posicionado firmemente na ranhura, até o medidor estar em zero e pronto para medição. Retira-se a cuvete e adicionam-se 5 gotas do indicador vermelho de fenol HI 93710. Voltar a colocar a tampa e misturar a solução. Reintroduziu-se a cuvete no aparelho e registou-se o valor do pH

As medições de oxigénio dissolvido foram efectuadas enchendo completamente uma garrafa de vidro de 60 ml com a amostra que não reagiu. Colocou-se a tampa e deixou-se transbordar uma pequena porção de água.

Posteriormente, retirou-se a tampa e adicionaram-se 5 gotas de cada um dos reagentes HI 93732A e HI 93732B. Adicionou-se mais amostra que não reagiu até encher completamente o frasco. Voltou-se a colocar a tampa e deixou-se transbordar uma parte da água (isto foi feito para garantir que não ficavam bolhas de ar no interior, o que poderia ter corrompido a leitura). A amostra tornou-se amarelo-alaranjada e apareceu um agente floculante quando o frasco foi invertido várias vezes. O agente floculante assentou quando a amostra foi deixada em repouso. Após dois minutos, quando a metade superior do frasco se tornou límpida, adicionaram-se 10 gotas de reagente HI 93732C. Voltar a colocar a tampa e inverter o frasco até se completar a dissolução do floculante sedimentado. A amostra estava pronta para a medição quando se apresentava amarela e completamente límpida.

Encheu-se a cuvete do medidor multiparamétrico de iões Hanna C200 até à marca com 10 ml da amostra que não reagiu (original) e colocou-se a tampa. Posteriormente, a cuvete foi colocada no suporte e o entalhe da tampa foi posicionado de forma segura na ranhura. Agora, o medidor está zerado e pronto para a medição. A cuvete foi posteriormente retirada e substituída por outra, que foi enchida até à marca com 10 ml da amostra reagida e a tampa recolocada. Finalmente, a nova cuvete foi inserida no instrumento e o valor tomado e registado em mgL^{-1}.

3.5 Análise de amostras planctónicas:

As amostras foram recolhidas por arrasto com uma rede de arrasto de plâncton fixada a um barco em movimento lento. O plâncton filtrado foi colocado em garrafas de polietileno de 1,5 litros e fixado imediatamente com 5 gotas de formalina tamponada com hemaxina a 4% para preservar os organismos (Parsons et al., 1984). Todas as amostras foram colhidas na maré vazante para reduzir as variações de maré e diurnas. A contagem e a identificação foram efectuadas utilizando um microscópio binocular Leitzuezier e chaves de plâncton de água doce de Han (1978), Prescott (1982), Kadiri (1988) e Kemdirim (2001).

Os plânctons foram contados utilizando um microscópio binocular Leitzuezier. As subamostras foram depositadas durante pelo menos 24 horas numa câmara de sedimentação antes da contagem. As áreas de réplica foram enumeradas com uma ampliação não inferior a 500X. Para a contagem de taxa raros e de grandes dimensões, toda a câmara foi subsequentemente analisada e contada com uma ampliação reduzida. Os resultados foram expressos em células/ml e depois convertidos em um3/ml utilizando fórmulas geométricas adequadas (Downing e Rigler 1984) para todos os taxa de algas.

3.6 Análise de dados

(a) ANÁLISE DE VARIAÇÃO (ANOVA)

Termo de correção (C)

$$C = \frac{\left(\sum X\right)^2}{rn}$$

Onde r = número de réplicas/estações

n= número de tratamentos/mês

(b) TESTE DE SIGNIFICÂNCIA

Utilização do teste múltiplo de Duncan (teste de significância)

Diferença menos significativa $LSD_{0,05} = t \sqrt{\frac{MSE}{r_1} + \frac{MSE}{r_2}}$

em que t = valor t tabular para a diferença de erro.

r_1 = número de réplicas

r_2 =número de tratamentos

CAPÍTULO QUATRO

RESULTADOS

4.1 Parâmetros físico-químicos:

Os dados sobre os valores médios de alguns parâmetros físico-químicos chave do rio Mbo são apresentados na figura 2. Os valores da temperatura variaram entre 30.00-34.33ºC. O valor mais alto de 34,33ºC foi registado no mês de maio, enquanto que o valor mais baixo de 30,00ºC foi observado no mês de julho (Figura 2). Estatisticamente, a diferença de temperatura foi significativa $p<0,05$ apenas entre os meses de amostragem, mas não com as estações de amostragem.

Os valores de pH situaram-se entre 6,70-7,32. O mês de dezembro registou o valor mais elevado de 7,32, enquanto agosto registou o valor mais baixo de 6,70 (Figura 2). Não se registaram diferenças significativas de pH entre as estações de amostragem, bem como entre os meses.

Os valores de salinidade do rio variaram entre 0.5ppt e 1.4ppt. O valor máximo de 1.4pt foi registado em dezembro, enquanto julho teve o valor mínimo de 0.5ppt. Os valores de salinidade foram estatisticamente significativos dentro das estações de amostragem $P <0.05$ mas não significativos ao longo do mês

O teor de oxigénio dissolvido no rio variou entre 6,13mg/1 em maio e 8,73mg/1 em dezembro. Foi observada uma diferença significativa ($p<0,05$) entre os meses de amostragem.

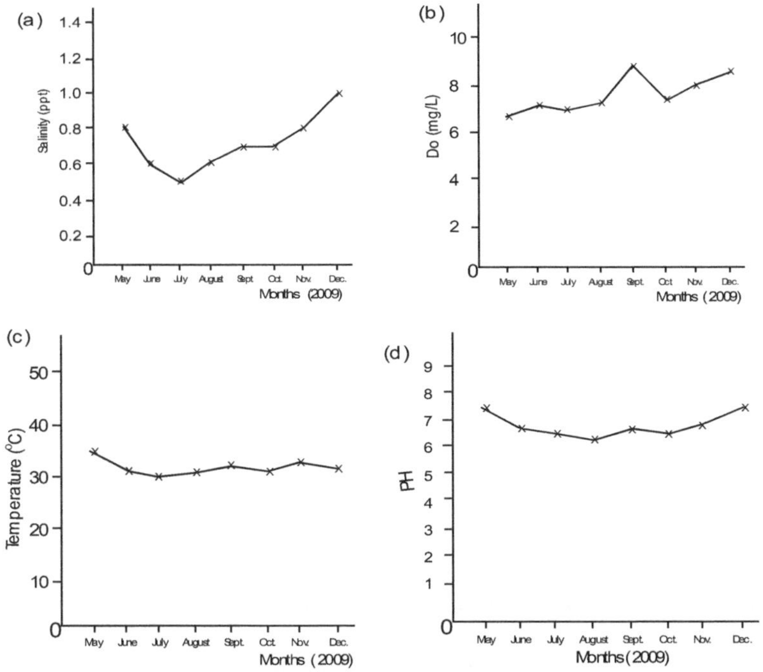

Figure 2: Monthly variation of the physico-chemical parameters of Mbo river(2009)

4.2 Plâncton: A lista taxonómica das espécies de fitoplâncton e zooplâncton observadas no rio Mbo durante o período de estudo é mostrada nas tabelas 1 e 2. Também, a abundância relativa destes organismos é mostrada nas figuras 3 e 4

Os fitoplânctons registados pertenciam a cinco taxa, nomeadamente Bacillariophyceae (24 espécies), constituindo 60,99% da densidade; Chlorophyceae (14 espécies) com 22,47%; Cyanobacteria (6 espécies), seguido de 11,78%; Dinophyceae (3 espécies), com 4,46%; e Xanthophyceae (1 espécie), com 0,3%. Bacillariophyceae foi o grupo mais diversificado, enquanto Xanthophyceae foi o menos diversificado em número de espécies de fitoplânctons (Figura 3).

Os zooplanctontes pertenciam a três taxa de Crustaceae(4 espécies), constituindo 73,33% da densidade; Rotifera(5 espécies), seguido com

22,02%; e Protozoa(1 espécie), com 4,65%. Rotifera foi o maior, enquanto Protozoa foi o menor (Figura 4).

4.2.1 Fitoplâncton: Foram identificadas cinco famílias de algas entre as quais as bacillariophyceae foram predominantes com 24 espécies. A estação 3 registou a maior abundância (968) de algas bacilariofíceas, seguida da estação 2 (882) e da estação 1 (848).

Coscinodiscus excentricus foi a espécie singular com a maior abundância (233) entre as bacilariofíceas. *Pleurosigma* sp foi a menos abundante (Tabela 1). As algas clorofíceas foram as próximas em abundância, com um total de 14 espécies. A estação 3 também registou a população mais elevada (376), seguida da estação 2 (311) e da estação 1 (287), a mais baixa.

Selenastrum bibraiarium foi predominante entre as algas corofíceas com uma população total de 158, como mostra a tabela 1. *Royax* sp foi raro, com um total de 20 exemplares.

As cianobactérias registaram um total de 6 espécies, sendo predominantes as espécies *Nostocummune* sp e *Microscystis acruginensa*. As estações 1 e 3 têm uma população total de 175 cada, enquanto a estação 2 tem 168. As Xanthophyceae tinham apenas uma espécie, *Triborema sp*, encontrada apenas na estação 1, com uma população total de 13.

Os membros das Dinophyceae incluíram *Ceratium hirundinella, Peridium sp* e *Gymnodinium gracile.* A estação 1 teve a maior população de 76, a estação 2 teve 65 e a estação 3 teve 59 em número (Tabela 1).

A distribuição espacial percentual das Bacillariophyceae nas estações 1, 2 e 3 foi de 78%, 85% e 96%, respetivamente. A de Chlorophyceae nas estações 1, 2 e 3 foi de 20%, 31% e 42%, respetivamente. As cianobactérias apresentaram 15% na estação 1, 17% na estação 2 e 14% na estação 3. Para Dinophyceae, a estação 1 tinha 10%, a estação 2 tinha 12%, enquanto a estação 3 tinha 8%. Xanthophyceae teve a menor percentagem de 5, e ocorreu apenas na estação 1 (Figura 5).

Quanto à variação sazonal, Bacilliariophyceae e Chlorophyceae ocorreram quase uniformemente em ambas as estações seca e húmida, sem variação significativa (P>0,05) . O mesmo não aconteceu com as Dinophyceae, que ocorreram maioritariamente nos meses de setembro e outubro de 2009 (P<0,05). As Cyanobacteria não variaram sazonalmente, mas sim com os meses. As Xanthophyceae, por outro lado, ocorreram apenas nos meses de agosto e setembro de 2009 (Figura 7).

4.2.2 Zooplâncton: Foram identificadas três famílias no total. Apenas cinco (5) espécies de rotíferos foram identificadas durante a investigação. A estação 2 registou a maior população de rotíferos (38). Um total de 37 rotíferos foi encontrado na estação 1, enquanto 34 foram contados na estação 3.

Entre as cinco espécies identificadas, *Filinia logiseta* foi predominante com um número total de 33, enquanto a espécie menos dominante foi *Keratalla cochlearis* com 19 indivíduos.

O zooplâncton Crustaceaen teve a sua população mais elevada na estação 1 (146), seguida da estação 2 (127), enquanto a menor foi registada na estação 3 (116). Os dados revelaram ainda que o *copépode Cyclopoid,* com um total de 130 indivíduos, foi predominante sobre as outras espécies (Tabela 2).

O zooplâncton de protozoários foi representado por apenas um género, *Tintindium sp* com uma população total de 23. Ocorreram apenas nas estações 1 e 2, e nos meses de julho, agosto e setembro de 2009.

A distribuição espacial percentual de Crustaceae nas estações 1, 2 e 3 foi de 92%, 85% e 90%, respetivamente. Rotifera registou 20% na estação 1, 35% na estação 2 e 30% na estação 3. Os protozoários registaram 10% na estação 1, 20% na estação 2, e não ocorreram na estação 3 (Figura 6).

Os zooplânctons de crustáceos variaram significativamente (P<0,05) com a estação do ano, eles (especialmente o *copépode Cyclopoid* e *o copépode Nauplii*) ocorreram principalmente nos meses da estação húmida de junho-agosto de 2009. Também os rotíferos variaram sazonalmente, com a maior abundância nos meses de março-agosto de 2009. Os protozoários ocorreram apenas nos meses da estação húmida, de junho a setembro de 2009, com apenas *Tintinidium sp* (Figura 8).

QUADRO 1: LISTAGEM TAXONÓMICA E ABUNDÂNCIA RELATIVA DAS ESPÉCIES DE FITOPLÂNCTON NO RIO MBO.

S/ N	BACILARIOFÍCEAS	ESTAÇÃO (1)	ESTAÇÃO (2)	ESTAÇÃO (3)	TOTAL
1.	*Ancenthes sp.*	21	16	33	70
2.	*Asterionella sp.*	19	33	39	91
3.	*Bacillaria paradoxa*	41	61	58	160
4.	*Amphore Ovalis*	66	60	25	145
5.	*Gyrosigma sp.*	17	21	33	71
6.	*Diatomácea anceps*	13	25	21	59
7.	*Cymbella sp.*	13	24	22	59
8.	*Rhizosolenia sp.*	61	60	60	181
9.	*Synedra utermohlii*	44	39	40	123
10.	*Nitzschia brebrissonii*	19	33	40	92
11.	*Nitzschia closterium*	20	32	40	92
12.	*Navicula sp.*	21	33	39	93
13.	*Pinnularia sp.*	13	21	36	70
14.	*Cyclotella stelligera*	86	67	68	221
15.	*Coscinodiscus excentricus*	95	61	77	233
16.	*Thalassiothrix nitzschoides*	41	40	36	117
17.	*Thalassiosera decipiens*	40	42	31	113
18.	*Tabellaria sp.*	41	48	43	132
19.	*Biddulphia aurita*	41	32	39	112

20.	*Pleurosigma sp.*	11	25	20	56
21.	*Fragellaria crotonersis*	40	31	41	112
22.	*Cymbellaria sp.*	20	31	46	97
23.	*Melosira monilifornae*	21	16	33	70
24.	*Palalia sulcatox*	44	31	48	123
		848	**882**	**968**	**2,692**
S/ N	**CHLOROPHYCEAE**	**ESTAÇÃ O (1)**	**ESTAÇÃ O (2)**	**ESTAÇÃ O (3)**	**TOTA L**
1.	*Arthrodesmus incus*	21	19	22	62
2.	*Ankistrodesmus falcatta*	35	20	24	79
3.	*Closteridium lunalla*	15	21	20	56
4.	*Cosmarium reniforme*	2	29	25	74
5.	*Coetastrum microporum*	9	11	10	30
6.	*Palmella sp.*	11	10	21	42
7.	*Selenastrum bibraiarium*	41	55	62	158
8.	*Ulotrix sp.*	41	39	46	126
9.	*Spondylosium norciloforme*	34	21	24	79
10.	*Dinorphococcus lunatus*	9	11	33	53
11.	*Stanrastrum sp.*	11	-	15	26
12.	*Scenedesmus sp.*	41	55	60	156
13.	*Royax sp.*	7	13	-	20
14.	*Palinella sp.*	10	7	14	31
		287	**311**	**376**	**992**

S/N	CYANOBACTERIA	ESTAÇ ÃO (1)	ESTAÇ ÃO (2)	ESTAÇ ÃO (3)	TOTA L
1.	*Anabaena sp.*	22	17	7	46
2.	*Anacystis sp.*	7	22	31	60
3.	*Nostocummune sp.*	41	47	39	127
4.	*Microscystis acruginensa*	47	40	38	127
5.	*Oscillateria limosa*	17	5	12	34
6.	*Calathrix sp.*	41	37	48	126
		175	**168**	**175**	**520**
S/N	**XANTHOPHYCEAE**	**ESTAÇ ÃO (1)**	**ESTAÇ ÃO (2)**	**ESTAÇ ÃO (3)**	**TOTA L**
1.	*Triborema* sp.	13	-	-	13
		13	0	0	**13**
S/N	**DINOPHYCEAE**	**ESTAÇ ÃO (1)**	**ESTAÇ ÃO (2)**	**ESTAÇ ÃO (3)**	**TOTA L**
1.	*Ceratium hirundinella*	25	11	8	44
2.	*Peridium sp.*	11	7	5	23
3.	*Gymnodinium gracile*	40	47	46	130
		76	**65**	**59**	**197**

QUADRO 2:LISTAGEM TAXONÓMICA E ABUNDÂNCIA RELATIVA DAS ESPÉCIES ESPÉCIES DE ZOOPLÂNCTON NO RIO MBO.

S/N	CRUSTACEAE	ESTAÇÃO (1)	ESTAÇÃO (2)	ESTAÇÃO (3)	TOTAL
1.	*Copépode ciclopóide*	45	42	46	130
2.	*Copépode nauplii*	40	41	37	118
3.	*Daphnia longispa*	31	20	24	75
4.	*Epischuria Lascustris*	20	11	9	40
		136	**114**	**116**	**363**

S/N	ROTIFERA	ESTAÇÃO (1)	ESTAÇÃO (2)	ESTAÇÃO (3)	TOTAL
1.	*Filinia logiseta*	11	8	14	33
2.	*Monostyla reticulada*	14	8	8	30
3.	*Keratalla cochlearis*	7	7	4	19
4.	*Notholea longispina*	3	10	5	27
5.	*Chromogator ovalis*	2	5	3	10
		37	**38**	**34**	**109**

S/N	PROTOZOA	ESTAÇÃO (1)	ESTAÇÃO (2)	ESTAÇÃO (3)	TOTAL
1.		10	13	-	23
		10	**13**	**0**	**23**

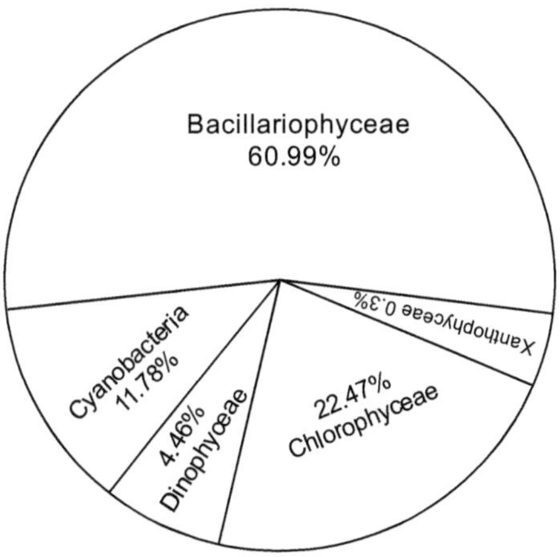

Figure 3: Relative Abundance of Phytoplankton Species in Mbo River.

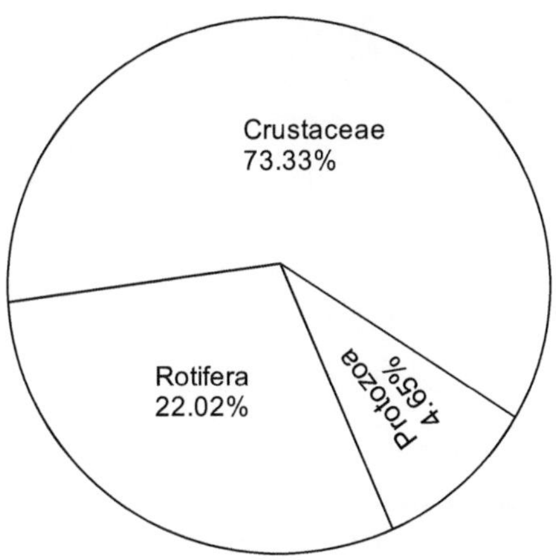

Figure 4: Relative Abundance of Zooplankton Species in Mbo River.

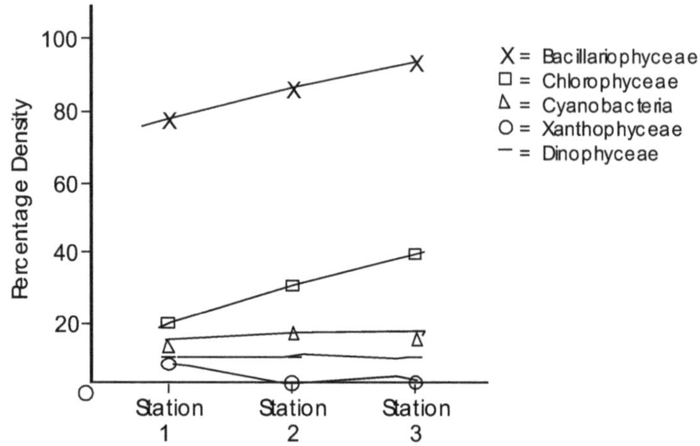

Figure 5: Percentage Spatial Distribution of Phytoplankton in Mbo River (2009)

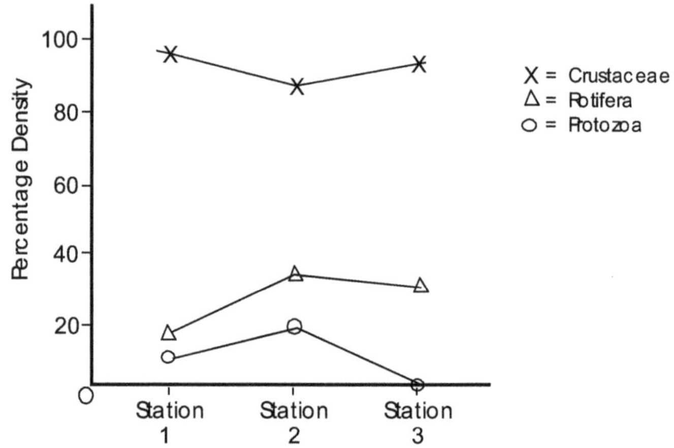

Figure 6: Percentage Spatial Distribution of Zooplankton in Mbo River (2009)

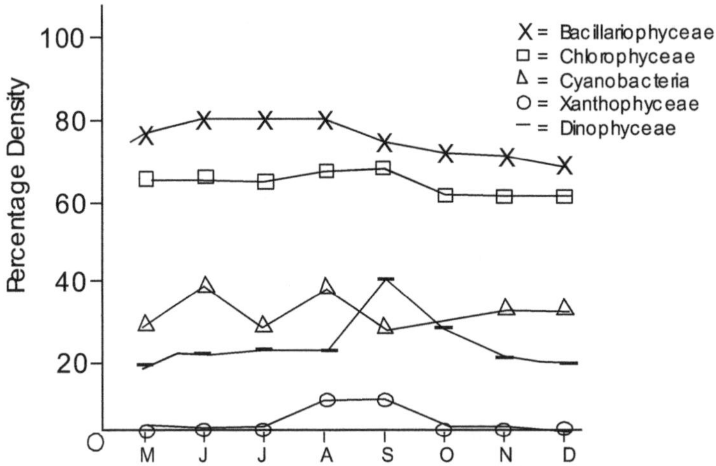

Figure 7: Percentage Monthly Distribution of Phytoplankton in Mbo River (2009)

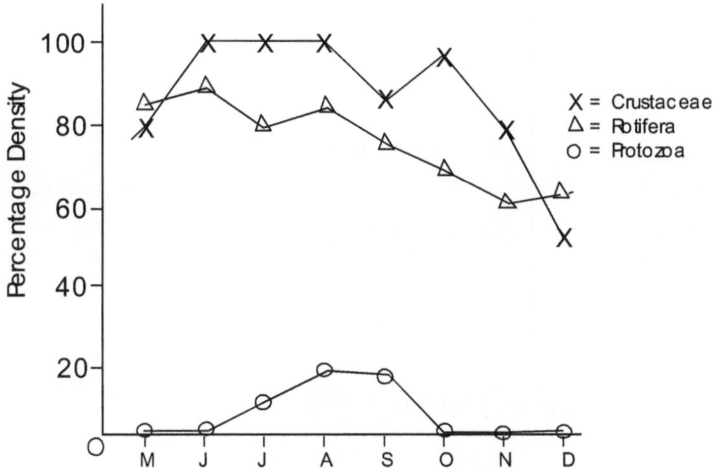

Figure 8: Percentage Monthly Distribution of Zooplankton in Mbo River (2009)

Quadro 3: ANÁLISE DE VARIAÇÃO PARA A SALINIDADE

Bloqueio **Tratamento**

Tratamento	S1 S2 S3 Total (T_t) média(X)
maio	0.4 0.7 1.3 2.4 0.8
junho	0.2 0.6 1.0 1.8 0.6
julho	o.3 0.4 0.8 1.5 0.5
Ago.	0.4 0.5 0.9 1.8 0.6
Set.	0.5 0.7 0.9 2.1 0.7
Out.	0.5 0.7 1.1 2.3 0.77
Nov.	0.6 0.7 1.5 2.8 0.93
Dez.	1.6 0.9 1.5 4.0 1.33
Bloco Total (Tb) 4,5 5,2 9,0 18,7=$\sum X$	
Bloco Média ($\overline{X}$b))0,56^{b} 0,65^{c} 1,13^{a} Grande X= 6,23	

Quadro 4: TESTE DE SIGNIFICÂNCIA PARA A SALINIDADE

Fonte de variação	Df	SS	EM	OBS, F	Necessário F 5% 1%
Total	**23**	**3.47**			
Blocos (Estações)	2	**1377.5**	688.8	-7.01	3.74 6.51
Tratamento (mês)	7	1.41	0.2014	$-2.05x10^{-3}$	**2.77 4.28**
Erro	14	-1375.44	98.25		

NB A salinidade é estatisticamente significativa nas estações de amostragem

P <0,05 e não significativo ao longo do mês.

Quadro 5: Análise de variância para o pH

Bloqueio **Tratamento**

Tratamento	S1 S2 S3 Total (T_t) média($X^)$
maio	7.2 7.3 7.4 21.9 7.3
junho	6.7 6.9 7.2 20.8 6.9
julho	6.6 7.1 6.6 20.3 6.8
Ago.	6.6 6.7 6.8 20.1 6.7
Set.	6.7 6.9 7.0 20.6 6.9
Out.	7.0 6.7 6.8 20.5 6.8
Nov.	6.6 7.0 7.2 20.8 6.9
Dez.	7.2 7.5 7.4 22.1 7.4
Total do bloco (Tb) 54,6 561 9,0 18,7=$\sum X$	
Bloco Homens ($\bar{X}$b))6.8 7.0 7.1 Grande média= 6.96(x)	

Quadro 6: TESTE DE SIGNIFICÂNCIA PARA O pH

Fonte de variação	d.f	SS	Senhora	Obs, F	Necessário 5%F 1%
Total	**23**	**5.93**			
Blocos (Estações)	2	0.2663	0.1331	0.4184	3.74 6.51
Tratamento (mês)	7	1.27	0.1814	0.5781	**2.77 4.28**
Erro	14	4.3937	0.3138		

NB O pH dentro da estação de amostragem não apresenta diferenças significativas. Não há diferença significativa de pH entre os meses.

Quadro 7: ANÁLISE DE VARIAÇÃO PARA A TEMPERATURA

Bloqueio **Tratamento**

Tratamento	S1	S2	S3	Total (T_t)	média(X)
maio	34	35	34	103	34.33[a]
junho	31	31	31	93	31
julho	29	30	31	90	30[b]
Ago.	30	31	30	91	30.33
Set.	32	32	33	97	32.33
Out.	31	31	31	93	31
Nov.	30	32	33	95	31.67
Dez.	31	30	32	93	31
Total do bloco (T_b) 248 252 255 755=$\sum X$					
Média do bloco ($\overline{X}_b$))31 31,5 31,88 Média geral(x) 31,5 →					

Quadro 8: TESTE DE SIGNIFICÂNCIA PARA A TEMPERATURA

Fonte de variação	Df	SS	Senhor a	Obs, F	Necessário F 5% 1%
Total	**23**	50			
Blocos	2	3.13	1.565	2.909	3.74 6.51
Tratamento		39.33			2.77 4.28
Erro	7		5.6	10.39	
		7.54			
	14		0.539		

A temperatura é estatisticamente significativa $p<0,05$ nos meses de amostragem.

Quadro 9: ANÁLISE DE VARIAÇÃO PARA O OXIGÉNIO DISSOLVIDO

Bloqueio **Tratamento**

Tratamento	S1 S2 S3 Total (T_t) média(X)
maio	5.6 6.1 6.7 18.4 6.1[b]
junho	7.0 7.4 7.5 21.9 7.3[c]
julho	6.7 6.3 7.7 20.7 6.9
Ago.	6.8 8.0 8.2 23 7.7[d]
Set.	8.2 8.5 9.2 25.9 8.6[a]
Out.	8.6 7.2 7.5 23.3 7.8[e]
Nov.	8.2 7.8 8.0 24 8.0
Dez.	8.8 8.0 8.7 25.5 8.5
Total do bloco (T_b) 59,9 59,3 63,5 182,7=$\sum \bar{X}$	
Média do bloco ($\bar{X}_b$))7.5 7.4 .9 Média geral(x) 7.6	

Quadro 10: TESTE DE SIGNIFICÂNCIA PARA O OXIGÉNIO DISSOLVIDO

Fonte de variação	df	SS	Sra.	Obs, F	Necessário F 5% 1%
Total	**23**	19.41			
Blocos	2	1.2938	0.6469	2.44	3.74 6.51
Tratamentos		14.40			2.77 4.28
Erro	7		2.0576	7.76	
		3.716			
	14		0.265		

O oxigénio dissolvido é estatisticamente significativo ($p<0,05$) em todo o período de amostragem.

CAPÍTULO CINCO

DISCUSSÃO

Os valores de temperatura de 30-34°C foram observados para as águas superficiais do rio Mbo, o que está de acordo com a observação de Moses (1987). No entanto, a temperatura máxima de 34,33°C registada no mês de maio de 2009, durante a estação das chuvas, pode dever-se ao estado do rio nesse momento específico, uma vez que muitos factores, como a corrente da água, a hora do dia e a maré, afectam a temperatura. Este facto está de acordo com a observação de Francis *et. al.* (2007).

Os valores de pH foram quase uniformes tanto na estação seca como na estação húmida. Foram registados valores de pH de 6,77-7,37. Estes valores não estão de acordo com o princípio de um pH mais elevado na estação das chuvas, que se deve a um grande volume de água do rio acumulada a partir da água da chuva (Yakubu *et. al.,* 1998).

Para o oxigénio dissolvido, os valores baixos obtidos na estação chuvosa do rio Mbo não estão de acordo com o que Yakubu *et. al.* (1998) observaram para o rio Nun, onde o oxigénio dissolvido era mais elevado no início da estação chuvosa devido à turbulência criada pelos impactos das chuvas, escoamentos e ondas.

A variação sazonal, bem como os valores da salinidade, foram menos pronunciados nas zonas superiores do rio, onde a influência dominante da descarga de água doce manteve uma salinidade relativamente estável na água. A variabilidade sazonal da salinidade foi mais elevada na estação 3, devido à grande flutuação do afluxo de água doce e da intrusão salina.

Os fitoplânctons registados pertenciam a cinco taxa, nomeadamente Bacillariophyceae (24 espécies), constituindo 60,99% da densidade (o que pode ter causado o significativo oxigénio dissolvido observado ao longo do período de amostragem, uma vez que são fotossintéticas e libertam oxigénio); Chlorophycea (14 espécies) com 22,47%; Cyanobacteria (6 espécies), seguida de 11,78%; Dinophyceae (3 espécies), com 4,46%; e Xanthophyceae (1 espécie), com 0,3%. Bacillariophyceae foi o grupo mais diversificado, enquanto Xanthophyceae foi o menos diversificado em número de espécies de fitoplânctons. A ordem de dominância do fitoplâncton observada neste estudo afasta-se, no entanto, ligeiramente dos

de Ekwu e Sikoki (2006)

A distribuição espacial percentual das Bacillariophyceae nas estações 1, 2

e 3 foram de 78%, 85% e 96%, respetivamente. A percentagem de Chlorophyceae nas estações 1, 2 e 3 foi de 20%, 31% e 42%, respetivamente. As cianobactérias apresentaram 15% na estação 1, 17% na estação 2 e 14% na estação 3. Para Dinophyceae, a estação 1 tinha 10%, a estação 2 tinha 12%, enquanto a estação 3 tinha 8%. Xanthophyceae teve a menor percentagem de 5, e ocorreu apenas na estação 1. A ordem de dominância do fitoplâncton observada neste estudo desvia-se, no entanto, ligeiramente do relatório de Ekeh e Sikoki (2004) que apresentou uma sequência de Bacillariophyceae, Cyanobacteria, Chlorophyceae, Euglenophyceae e Dinophyceae, para o rio New Calabar, no Delta do Níger.

No que diz respeito à variação sazonal, as Bacilliariophyceae e Chlorophyceae ocorreram quase uniformemente tanto na estação seca como na estação húmida. Não foi o caso das Dinophyceae, que ocorreram sobretudo nos meses de setembro e outubro de 2009. As cianobactérias não variaram sazonalmente, mas sim com os meses. As Xanthophyceae, por outro lado, ocorreram apenas nos meses de agosto e setembro de 2009.

Os zooplanctontes pertenciam a três taxa de Crustaceae(4 espécies), constituindo 73,33% da densidade; Rotifera(5 espécies), seguido com 22,02%; e Protozoa(1 espécie), com 4,65%. Rotifera foi a maior, enquanto Protozoa foi a menor.

A distribuição espacial percentual de Crustaceae nas estações 1, 2 e 3 foi de 92%, 85% e 90%, respetivamente. Rotifera registou 20% na estação 1, 35% na estação 2 e 30% na estação 3. Os protozoários registaram 10% na estação 1, 20% na estação 2, e não ocorreram na estação 3, o que pode ser resultado do influxo de água do mar.

Os zooplânctons de crustáceos variaram com a estação, ocorrendo principalmente nos meses da estação húmida de junho-agosto de 2009. Também os rotíferos variaram sazonalmente, com a maior abundância nos meses de março-agosto, 2009. Os protozoários ocorreram apenas nos meses da estação húmida, de junho a setembro de 2009.

A presença de algumas espécies de plâncton em águas poluídas, tais como *Anabaena spiroides e Ceratium furcas, espécies de Anacystis e Oscillatoria limosa*, revelada neste estudo, é indicativa de degradação ambiental. Estas espécies têm sido associadas à poluição aquática (Ubom e Essien, 2003; Ekwu e Sikoki, 2006; Khattak *et. al.* 2005), uma situação que se tornou uma fonte séria de preocupação ambiental na zona.

REFERÊNCIAS

Abezi, I. T. (2006): Avaliação da qualidade da água da estação das chuvas para a piscicultura de água doce em algumas partes do Estado de Bayelsa, Delta do Níger. Projeto de PGD, Universidade Estatal de Ciência e Tecnologia de Rivers, Port-Harcourt. Pp.35.

Adesalu, T. A. e Nwankwo, D. I. (2008): Effect of water quality indices on phytoplankton of a sluggish tidal creek in Lagos, Nigeria. *Pakistan Journal of biological sciences* 11(6) 836-844.

Akpan, E. R. (1997): Spatial and seasonal distribution of phytoplankton in the Cross River estuary, Nigeria. Comunicação apresentada na 6ª conferência anual da Sociedade Nigeriana para a Conservação Biológica, 26 a 28 de novembro de 1997, Calabar.

Akpan E. R. e Ofem J. O. (1993) Seasonal variation in water quality of the Cross River, Nigeria. *Rev. Hydrobiol. Trop.* 26(2):95-103.

Davies, O. A., Abowei, J. F. N. e Tawari, C. C. (2009): Comunidade fitoplanctónica do riacho Elechi, Delta do Níger, Nigéria. *American Journal of Applied Sciences* 6(6):1143-1152.

Davies, O. A., Abowei, J. F. N. e Otene, B. B. (2009): Abundância sazonal e distribuição do plâncton do ribeiro de Minichinda, Delta do Níger, Nigéria. *Revista Americana de Investigação Científica*, vol.2, pp.26-30.

Davies, O. A. e Otene, B. B. (2009): Zooplankton community of Minichinda stream, Port-Harcourt, Rivers State, Nigeria. *Jornal Europeu de Investigação Científica* 26(4):490-498.

Dejen, E., J. Vijverberg, L. Nagelkerke & F. Sibbing. (2004): Distribuição temporal e espacial do zooplâncton de microcrustáceos em relação à turbidez e outros factores ambientais num grande lago tropical (L. Tana, Etiópia). *Hydrobiologia* 513: 39-49.

Downing, J. A. e Rigler, F. H. (1984): A Manual on Methods for the Assessment of Planktons. *Ecologia* 8: 251 - 257.

Ekeh, I.B., Sikoki, F. D. (2004): Diversidade e distribuição espacial do fitoplâncton no rio New Calabar, Nigéria. *Liv. Sys. Sus. Dev.* 1(3): 25-31.

Ekwu, A. O. e Sikoki, F. D. (2005): Composição das espécies e distribuição do zooplâncton no estuário inferior do rio Cross. *Revista Africana de Zoologia Aplicada e Biologia Ambiental* Vol 7: 5-10.

Ekwu, A. O. e Sikoki, F. D. (2006): Phytoplankton diversity in the Cross River estuary of Nigeria. *J. Appli. Sci. Environ. Mgt.* Vol 10(1): 89-95.

Ezekiel, E. N. (2002): O conjunto de peixes do viveiro local nas planícies de inundação de Odhiokwu-Ekpeye, Delta do Níger. *Int. J. Sci. Tech.* 1:54-59.

Francis, A., Sikoki, F. D. e Ansa E. J. (2007): parâmetros físico-químicos do sistema do rio Andoni - Delta do Níger, Nigéria. *Jornal internacional das pescas* 2(1) pp.27-31.

Guy, D. (1992): The ecology of the fish pond ecosystem with reference to Africa. Imprensa Pergamon. Pp.220-230.

Han, M., (1978). Illustration of Freshwater Plankton. 1st Edn., Agricultural Press, Alabama, pp:171.

Ibe, A. C. (1985): O papel da oceanografia na exploração dos recursos pesqueiros. In: Ita, E. O. (Ed.), Actas da 4th conferência anual da sociedade de pesca da Nigéria (FISON), Port-Harcourt, Nigéria. Pp. 162-170.

Kadiri, M. O., (1988): Um estudo taxonómico do género Closterium (Nizch. 1919, Ralfs 1945) (desmichaceae chlorophyta) em pequenos reservatórios da Nigéria com notas ecológicas. *Trop. Biol. de Água Doce* 1:71-90.

Kemdirim, E. C. (2001). Checklist of phytoplankton of shedam reservoir in Plateau State, Nigeria, *Journal of Aquatic Sciences,* 16:61-63

Khattak, T. M., Noorzaman Bhatti, Ghulam Murtaza (2005): Avaliação de algas do efluente da empresa de cimento Dandot, Dandot, *Paquistão. J. Appl. Sci. Environ. Mgt.* 9(1) 147-149.

Kutty, M. N. (1987): Seleção de locais para aquacultura, caraterísticas químicas da água. Palestras apresentadas no Centro Regional Africano de Aquacultura (ARAC), para o curso sénior de aquacultura, Aluu, Port Harcourt, Nigéria. Pp.31.

Moses, B. S. (1987): a influência do regime de cheias nas capturas e comunidades de peixes no ecossistema da planície aluvial de Cross River, Nigéria. *Environ. Biol. Peixes* 18:51-65.

Nyananyo, B. L., Okeke, C. U., e Mensah, S. I. (2006): Condições físico-químicas e distribuição do fitoplâncton no rio Brass, Nigéria. *J. Appl. Sci. Environ. Mgt.* Vol 10 (1): 43-45

Okogwu, O. I. (2010): Variações Sazonais da Composição de Espécies e Abundância de Zooplâncton no lago Ehoma, um lago de planície de inundação na Nigéria. *Rev. Biol. Trop.(Int. J. Trop. Biol.)* Vol. 58 (1): 171-182.

Olomukoro, J. O. e Oronsaye, C. (2009): The Plankton Studies of the Gulf of Guinea, Nigeria (Estudos do Plâncton do Golfo da Guiné, Nigéria). *Bioscience Research Communications* Vol. 21, no. 2.

Onuoha, G.C. e Nwadukwe, F. O. (1989): Monitorização da qualidade da água. In: Ayinla, O. A. (Edn.). Actas do programa de formação em aquacultura (ATP). Centro Regional Africano de Aquacultura (ARAC), Aluu. Pp. 12-23.

Owhonda, N. K., Akinrotimi, O. A., Ansa E. J., Edun, O. M., Anyanwu, P. E., Opara, J. Y., e Onunkwo, D. O. (2007): Variação da estação húmida em alguns parâmetros físico-químicos de tanques de peixes de água salobra e canais principais em Buguma, Estado de Rivers, Nigéria. *Journal of Fisheries International* 2(3)255-259.

Parsons, I. R. (1980): Zooplankton production. Em Barnes R. e Mann, K. H. 9eds) Fundamentals of Aquatic Ecosystem. Publicações científicas Blackwell, Londres. 50-60.

Pinto-Coelho, R., B. Pinel-Alloul, G. Méthot & K.E. Havens.(2005): Crustacean zooplankton in lakes and reservoirs of temperate and tropical regions: variation with trophic status. *Can. J. Fish. Aquat. Sci.* 62: 348-361.

Prescott, G. W., (1982): how to know the Freshwater Algae. 3rd Edn. McGraw Hill, Washinton, DC, pp:304.

Raymond, E. G. (1983): In: Plânctons e produtividade nos oceanos, 2ª edição, vol.1. Pergamon press 223-237.

Reynolds, C. S. (1993): The ecology of Freshwater Plankton (Cambridge studies in ecology). Cambridge University Press, 389pp.

Ricker, W. E. (1934): Uma Discussão Crítica de Várias Medidas de Saturação de Oxigénio em Lagos. *Ecologia* 15: 348-363

Ubom, R. E. e Essien, J. P. (2003): Distribuição e importância das algas epidémicas na costa costeira (Praia de Ibeno) do estuário do rio Qua Iboe, Nigéria. *The Environmentalist* 23:109-115.

Yakubu, A. F., Sikoki F. D. e Horsfall, J. R. M. (1998): An investigation into the physico-chemical conditions and Planktonic organisms of the lower reaches of the Nun River, Nigeria. *J. Applied Sci. Env. Manag.* 1:38-41.

MIX
Papier aus verantwortungsvollen Quellen
Paper from responsible sources
FSC® C105338

Printed by Books on Demand GmbH, Norderstedt / Germany